AF462851

ÉTUDE PRATIQUE

SUR

LA MALADIE

DE LA VIGNE.

COMBAT DE NEUF ANS!

BREVET
D'INVENTION
s. g. d. g.
le 27 avril 1854
et de
PERFECTIONNEMENT
en 1855,
pour
LA GUÉRISON
De la Vigne.

DIPLOME
décerné
par
l'Académie Nationale
le 1er Août 1855,
pour
LA GUÉRISON
De la Vigne.

ÉTUDE PRATIQUE

SUR LA

MALADIE DE LA VIGNE

indiquant

SES CAUSES PHYSIQUES ET POSITIVES,
DES MOYENS DE LA CONNAITRE ET D'EN OBTENIR LA PARFAITE GUÉRISON,
ET LA DESTRUCTION COMPLÈTE DE LA PIRALE,
AVEC OBSERVATION SUR LA CAUSE DE LA MALADIE DES VERS-A-SOIE
ET DES ARBRES FRUITIERS.

PAR

Michel TRIGON SAINT-GENIS BOUVATIER,

De Laboisse (Ain),

Membre de l'Académie nationale, Agricole, Manufacturière et Commerciale, de la Société française statistique universelle.

Prix : 1 fr. 25 c.

BORDEAUX
IMPRIMERIE MÉTREAU ET COMPAGNIE
Rue du Parlement-Sainte-Catherine, 19.

1860.

AVANT-PROPOS.

La maladie de la vigne, telle qu'elle existe aujourd'hui, est un fait nouveau dans l'histoire du monde. Certains auteurs, entr'autres Théophraste et Pline, ont parlé de quelques maladies de la vigne; mais lorsqu'on examine avec soin les observations qui nous sont transmises par eux, on voit que les maladies ne consistent que dans des altérations d'une médiocre importance, comme le *charbon*, qui provoque la couleur; l'*échaudage*, qui vient du soleil brûlant du mois d'août..... Pour ce qui est de la maladie actuelle et des ravages affreux qu'elle fait dans les pays viniférés, il n'en existe pas dans les temps anciens.

Le fait seul de cette nouveauté doit nous préoccuper beaucoup, car, lorsqu'une épidémie, dans sa course désastreuse, fait plusieurs fois le tour du globe, les hommes qui se trouvent sur son passage s'en effraient, et par un besoin de conservation, ils cherchent tous les moyens de la combattre. Après des efforts souvent répétés, ils parviennent à découvrir, si ce n'est un spécifique, du moins quelque chose d'assez efficace pour atténuer le mal et quelquefois même pour en paralyser tout-à-fait l'action. Ces découvertes servent puissamment aux générations qui se succèdent, et lorsque la maladie se reproduit encore, on n'a qu'à consulter les expériences déjà faites. On y ajoute les lumières qu'apporte chaque siècle, et il est bien rare qu'on n'arrive pas à un résultat satisfaisant.

Il n'en est pas ainsi de la maladie actuelle de la vigne. Sans précédent dans l'histoire, nous sommes obligés de nous frayer une route qui nous mette à l'abri de ses funestes effets.

Selon moi, le premier pas à faire est de chercher la véritable cause du mal. Sans cette connaissance approfondie, impossible d'arriver à une solution avantageuse, car trouver un remède qui guérit, serait, en pareil cas, un espèce de prodige. Voilà quelle a été ma première étude.

Une fois que j'ai été bien campé sur le principe de la maladie et que le fait m'a été pleinement connu, j'ai cherché, dans les immenses ressources qu'offre la nature, de quoi le combattre et le détruire. Je pense y avoir réussi.

M. Marés, dans sa brochure imprimée en 1857, dit, à la page 5 : « Aucun autre moyen » pratique n'a encore été découvert pour » suppléer à l'emploi du soufre, et c'est en- » core à lui qu'il faut recourir pour défendre » les vignes des attaques de l'*oïdium.* »

Ce moyen efficace , ce remède énergique , qui combat et qui guérit la maladie de la vigne , qu'on n'a pas encore trouvé , est maintenant trouvé par moi. Il est le fruit d'une foule de recherches et d'une multitude d'essais plus pénibles les uns que les autres. Les nombreuses expériences que j'ai faites sur les divers vignobles de France , et dont je puis certifier que pas une n'a manqué, me permettent de le regarder comme l'uniqne moyen de sauver la vigne et son fruit.

Dans cette brochure , que je présente aujourd'hui au public, je chercherai la cause véritable de la maladie, je passerai en revue les divers systèmes qui ont paru ainsi que leur moyen de curation , puis j'exposerai le mien , que j'aurai soin d'établir sur la raison , mais surtout sur la toute puissante logique des faits. Personne n'ignore que ceux-ci parlent plus clair et plus haut que toutes les dissertations ensemble.

J'ai groupé mes idées dans un cadre aussi

restreint que possible. Ce ne sont pas des phrases que je fais, mais bien des raisons que je donne et des faits que je rapporte. Du reste, le lecteur pourra en juger.

Toute mon ambition est de faire du bien à mes semblables. Si je suis assez heureux pour que mon procédé soit adopté partout, je pourrai me rendre ce consolant témoignage, le plus doux certainement qui aille au cœur de l'honnête homme, c'est que, par mes travaux, j'aurai mis fin à une des plaies qui affligent le plus l'homme et la société.

DE LA MALADIE DE LA VIGNE

ET DE SA CAUSE.

Depuis plusieurs années, une maladie terrible s'est appesantie sur la vigne. Tout le monde s'en préoccupe. On en parle partout, et ce n'est pas sans motif, car elle menace d'une ruine complète tous les pays vinifères. Mais quelle en est la cause ? Quels en sont les résultats ? Quel remède pourrait-on y apporter ?... Voilà tout autant de questions qu'il me semble plus qu'utile d'examiner.

Pour ce qui est de la cause, trois hypothèses sont possibles. Ou la maladie réside dans le principe même de la vigne, ou elle consiste dans un champignon qui, en absorbant le suc de la plante, arrête son développement, ou bien encore dans un insecte qui la dévore. Nous allons l'examiner en détail.

Le principe même de la vigne paraît sain et exempt de toute altération constitutionnelle. Pour s'en convaincre, il suffit de regarder les ceps depuis l'époque où la végétation commence à partir jusqu'au moment où la maladie se montre. Peut-on voir quelque chose de plus vigoureux et de plus beau que cette végétation ? Est-il possible d'y trouver un vice intérieur qui la mine et qui l'use. Ce n'est pas probable. Tout au contraire indique que l'ennemi vient du dehors.

La théorie du champignon, quoique au premier abord plus vraisemblable, n'est cependant pas plus solide. Ceux qui ont étudié sérieusement la nature et la marche de ce cryptogame, savent qu'il ne vit que sur la terre et sur les substances végétales ou animales en décomposition. On le trouve presque toujours sur des troncs d'arbres pourris, sur le fumier, sur les excréments des animaux, sur les chiens en putréfaction. Ce n'est pas étonnant, le champignon pris en lui-même est le dernier terme de la vie organique qui, insuffisant pour la conservation du sujet sur lequel il se produit, se transforme en une autre existence qu'on peut regarder presque comme le milieu entre la nature végétale ou animale et la nature brute. De plus, il habite les lieux humides et privés de jour, comme les caves, les mines... Or, je le demande, peut-on appliquer cette théorie à la maladie qni nous occcupe? Jusqu'à l'invasion du fléau, nos vignes sont dans un état de santé parfaite. Rien, en elles, n'annonce cette décomposition, qui est une des conditions premières qu'exige la nature du champignon.

Ensuite, ce n'est pas seulement en temps humide que la maladie se déclare; c'est aussi à l'époque des fortes chaleurs qu'elle paraît et qu'elle fait en peu de jours ses terribles ravages. Mais lorsque la sécheresse devient profonde, la maladie se trouve un moment suspendue. Ceci ne sera pas contesté, je l'espère, et je trouve dans ce fait seul une réfutation complète de l'idée d'un champignon.

Ce qui probablement a donné lieu à cette hypothèse, est une poussière blanchâtre qu'on remarque même dès le début de la maladie sur les pampres de la vigne et sur les raisins. En effet, cette poussière a toute l'apparence d'un champignon et jusqu'à un certain point le goût; mais quand on l'examine au moyen d'un microscope, on voit qu'elle n'est qu'un tissu de filaments qui offrent quelque ressemblance avec la toile d'araignée accompagnée toujours d'un corps gras, qui répand une odeur assez désagréable. Plus bas j'expliquerai ce que c'est.

Reste l'opinion de l'insecte. Cette opinion est la plus plausible, parce qu'elle s'accorde très-bien avec le fait actuel de la maladie de la vigne, et que ce n'est que par elle qu'on peut s'en rendre un compte rationel. De plus, elle est pour moi une certitude complète, parce qu'elle m'a été démontrée par une foule d'expériences que j'ai faites et que tout le monde peut faire après moi.

Les deux premières hypothèses sont sans fondement; nous l'avons vu. Tout, au contraire, nous porte à croire que ce sont des insectes. Qui ne sait, effectivement, que c'est pendant l'été que ces êtres organiques se produisent. La plupart d'entr'eux sont ovipares; les œufs qu'ils ont déposés en automne, et qui ont passé l'hiver dans des endroits choisis par eux, commencent à éclore en mai, et ces nouveaux venus, qui vivent toujours aux dépens des plantes qui leur conviennent, arrivent à leur entier développement. Ils pondent à leur tour pour se reproduire encore, et ceci arrive plusieurs fois dans la même année. Voilà la marche ordinaire des insectes en général. Chaque plante a les siens. Ne soyons donc pas étonnés d'en trouver sur la vigne. Autrefois, ces insectes ne faisaient pas de mal. D'où cela vient-il? Dieu seul le sait. Mais depuis quelques années ils se sont tellement multipliés, qu'ils sont devenus le fléau des pays vinicoles. Ceci ne tiendrait-il pas à quelques modifications survenues dans la température, où bien à des goûts ou des besoins nouveaux qu'auraient éprouvés ces insectes, et qui les auraient attaché d'une manière toute spéciale à la vigne ? Je l'ignore.

Tout ce que je puis dire, c'est que pendant huit ans consécutifs j'ai étudié cette cruelle maladie. J'ai fait toutes les suppositions possibles et imaginables ; je les ai poussées jusqu'au bout, et tout m'a prouvé que c'est un insecte. Des milliers d'expériences auxquelles je me suis livré dans plusieurs pays, sont venues confirmer le fait. Aujourd'hui, je le regarde comme inattaquable. Du reste, il est facile à un chacun de s'en convaincre; il suffit, pour cela, de se procurer un verre grossissant, et d'examiner en détail les souches malades.

Puisque nous en sommes à mes expériences si souvent réitérées, en voici le résultat : à part ce qu'on appelle communément *altises* et *pirale*, qui se montrent partout au début de la végétation, j'ai découvert sur la vigne trois insectes différents. De ces trois insectes, qui demandent un certain degré de chaleur, il y en a un qui, sous une forme plus petite, ressemble assez au ver-à-soie; sa couleur est rouge foncé : il dévore la feuille, ronge le sarment, et meurt vers la fin de l'été.

Le second, qui est plus meurtrier encore, se reproduit à l'infini. A l'état de larve, il est blanc, verdâtre; et à l'état parfait, rouge et jaune ; il a six pattes, une queue, un dard, des yeux noirs surmontés de deux cornes; il a la forme d'un pou et saute comme une puce. On en trouve même qui ont des ailes et sont en forme de grillons.

A la fin de l'été, cet insecte fait son nid sous l'écorce de la souche ou bien dans les trous provenant de l'ancienne taille. Il y dépose ses œufs et les enveloppe d'un tissu fort serré et d'un corps gras qui les garantit contre les rigueurs de l'hiver. Il s'y cache aussi lui-même, et c'est par ce moyen qu'il traverse la mauvaise saison. Quelquefois, on y en voit des masses.

Arrivés au mois de mai, et ceci peut être plus ou moins précoce, selon que la température est plus ou moins élevée, ces œufs éclosent, et ces êtres nouveaux se répandent sur la souche qui leur fournit une nourriture agréable. Lorsqu'ils sont parvenus à leur entier développement, ils pondent à leur tour, et c'est ainsi qu'ils se reproduisent et qu'ils se propagent.

Je dois faire observer ici qu'avant de déposer ses œufs, cet insecte bâtit une espèce de toile qu'il accompagne d'une matière grasseuse et sous laquelle il pond et se cache pendant le jour. A l'œil nu, cette toile paraît de la poussière; on la prendrait même pour une espèce de moisissure, ce qui probablement a donné lieu à l'idée du champignon. Mais quand on l'examine avec un microspope, on voit clairement que c'est un simple tissu que l'animal a formé pour la conservation de ses petits et pour la sienne propre.

Le troisième est un insecte femelle beaucoup plus gros que les autres, qui, vers la fin de l'été, se fixe sur la souche et y passe l'hiver. Sa forme intérieure ressemble à la coquille d'une tortue, laquelle forme commence à paraître au mois d'août. A cette époque, l'insecte est très-visible; on n'a pas besoin d'un instrument pour le distinguer sur les feuilles, sur le sarment, et même sur le raisin. Au mois de mai, il se développe et sort de son nid, accompagné d'une masse d'autres insectes couleur rouge.

Revenons aux œufs. Par leurs pontes successives

ces êtres se reproduisent à l'infini : ces pontes ont lieu principalement dans les mois de juin, juillet, août et septembre; elles deviennent d'autant plus nombreuses que le temps leur est plus favorable. C'est même à cette époque qu'on peut les voir à l'œil nu sur les souches.

Relativement aux pontes, le lecteur me permettra de lui raconter quelques observations que j'ai été dans le cas de faire : J'ai vu en juillet, par un temps beau, un seul insecte, couleur jaune, déposer cinquante-quatre œufs sur huit parties différentes d'une même feuille. Ce travail s'est opéré en cinquante-six minutes.

Un autre insecte, semblable au précédent, même mois et même température, en a déposé, entre une heure et deux heures de l'après-midi, vingt-sept en trente minutes. Seulement, je n'ai pas pu me rendre compte du temps nécessaire à l'éclosion, par la raison que j'avais eu la maladresse de couper les feuilles.

Un autre jour, j'en ai examiné d'autres, qui venaient de pondre (ceci se passait le matin, de sept à huit heures), et après avoir distingué avec beaucoup de soin les souches, je me suis retiré le lendemain au soir, j'y suis revenu vers les quatre heures, et quelle n'a pas éte ma surprise, au lieu d'y trouver des œufs, je n'ai vu qu'une masse d'insectes, ce qui m'a fait supposer que les pontes pouvaient se succéder toutes les vingt-quatre heures.

Q'on juge de la quantité énorme de ces insectes, par leur étonnante fécondité et par la rapidité prodigieuse avec laquelle ils se reproduisent. Trois ou quatre nids suffisent et au-delà pour empoisonner un vaste vignoble et compromettre dans très-peu de temps toute sa récolte.

Ceci est d'autant plus vrai, que ces insectes sont doués d'une voracité étonnante, et il le faut bien, pour remplacer ce qu'ils perdent avec une profusion qui paraît incroyable. Leur activité se fait sentir principalement avec les vents de sud-est, sud, sud-ouest, et lorsque le temps change. Le vent du nord leur est contraire.

Ces insectes se nourrissent du suc des sarments, des feuilles et des raisins. Leurs piqûres sont venimeuses et laissent une empreinte couleur noire.

Toutes ces tâches noirâtres qu'on aperçoit sur les différentes parties de la vigne, et qui détruisent l'épiderme, ne sont pas autre chose que leurs piqûres. Elles absorbent la sève, dérangent la végétation, et produisent, dans la souche, cet état de décadence qui fait beaucoup craindre pour l'avenir. On peut comparer la souche à un enfant couvert de pous. Que devient cette pauvre créature dévorée par cette hideuse vermine? Elle dépérit chaque jour, et si une main charitable ne l'en délivre, il faut nécessairement qu'elle se dessèche et qu'elle succombe. Telle est le sort de la vigne.

Au moment où sa sève est mise en vigueur, cette plante, qui fait presqu'à elle seule toute la richesse de nos pays, dépense naturellement toutes ses forces en bois et en fruits. Jusque-là rien de plus simple. Tout est dans l'ordre, et la vigne est belle par sa végétation même; mais si à cette perte, qui se trouve le résultat inévitable de son action vitale, vient s'en joindre une autre, qui est occasionnée par des milliers d'insectes qui vivent à ses dépens, ne faut-il pas aussi qu'elle périsse? Comment pourrait-elle suffire au développement de son fruit et á la nourriture de toute cette vermine? Cela n'est pas possible, car telle n'est pas sa destination. Ne soyons donc plus étonnés de cette tristesse générale qu'on remarque dans nos vignes. Cette tristesse est un indice certain de la faiblesse de la plante et peut-être aussi de sa destruction prochaine.

Une dernière observation pour les incrédules. Détachez quelques brassées des pampres malades, en juin, juillet, août et septembre; organisez une petite couchette, avec ces débris, dans un petit réduit à pouvoir se coucher; vous pourrez vous coucher dessus à nuit close, quelques instants après vous vous apercevrez que vous êtes en compagnie d'une armée nombreuse et invisible qui vous forcera d'abandonner le petit logement. Même les animaux, tels que chiens, etc., ne pourront y résister, et ne voudront plus y rentrer une fois sortis.

Et dans le jour vous dormirez tranquille dans ce même lieu, sans être incommodé, et toujours par les vents de sud-sud-est et changement de temps.

Mettez également une poignée de ce même pampre sur votre lit, cela vous produira le même effet. J'ai fait ces expériences moi-même, je vous en parle savamment. Les parties non malades ne vous produiront aucun effet de ce genre.

DE LA MALADIE DE LA VIGNE

ET DES MOYENS DE LA GUÉRIR.

C'est déjà beaucoup d'avoir découvert la cause véritable d'une maladie, mais cela ne suffit pas. L'essentiel est de trouver le remède qui la combat et qui la guérit.

Celle de la vigne est un fait si important, elle se rattache à des intérêts si majeurs, qu'il n'est pas étonnant d'avoir vu surgir de toutes parts des procédés nouveaux que des hommes, animés d'un zèle vraiment louable, ont conçu pour combattre cette espèce d'épidémie qui ravage nos vignobles. Qu'on me permette de les examiner en détail, et puis j'exposerai le mien.

Je ne parlerai pas du couronnement prescrit par M. Banssillon. Cette méthode, qui vient d'être appliquée dans plusieurs pays, sur une échelle plus ou moins vaste, est à peu près jugée. Si je ne me trompe, l'opinion publique est aujourd'hui complètement revenue à cet égard.

Du reste, en partant du fait incontestable que ce sont des insectes qui font tout le mal, je demanderai à quoi peut servir ce couronnement, à rien. Il y a même plus : il doit nécessairement nuire à la vigne, par la raison qu'il diminue la sève sur le haut des sarments et qu'il rejette les insectes sur les raisins, ce qui, à mon avis, doit les détruire plus tôt. Ah ! si la maladie se trouvait dans l'intérieur de la souche, je comprendrais cette opération. Par une forte secousse qu'elle donnerait à son principe vital, il pourrait se faire qu'elle lui devint utile ; mais il n'en est pas ainsi. Encore même, dans ce cas, il vaudrait infiniment mieux ménager les forces de la plante en diminuant son bois où en enlevant les fruits qui sont d'une apparence médiocre.

Il y a quelques années que certains propriétaires s'étaient mis dans l'idée d'enterrer la souche, et de la laisser ainsi couverte jusqu'à l'époque où la végétation est mise en mouvement. Cette conduite, qui n'est point un remède, offre cependant quelque chose de logique et de rationnel. En effet, les nids, qui se trouvent sous l'écorce des ceps, sont singulièrement dérangés par cette opération. Certains peuvent être détruits et l'éclosion des autres n'arrive que fort tard, à moins que les grandes chaleurs ne viennent de bonne heure réparer le temps perdu.

Ceci se rattache au fait suivant que tout le monde a pu observer : Le fruit des sarments qui rampent sur la terre est toujours plus beau que celui qui se trouve plus élevé. Cela se conçoit : la fraîcheur du sol repousse l'insecte vers les parties supérieures de la plante, et si au bas du tronc il existe quelques nids, les œufs n'éclosent que lorsque la chaleur est assez descendue pour enlever tout espèce d'obstacles.

L'année dernière, je suis passé dans un pays où l'on ne s'occupe que de la vigne. J'ai vu des terres très-bien cultivées; j'en ai vu d'autres qui ne l'étaient pas du tout; les herbes montaient plus haut que les sarments; c'est tout au plus si on pouvait se dire : voilà une vigne. Eh bien! le croira-t-on ? La récolte était nulle dans les premières et magnifique dans les secondes. D'où cela vient-il ? C'est toujours la même raison : dans les terres bien cultivées la chaleur avait favorisé le développement de l'insecte, qui avait tout envahi; dans celles qui ne l'étaient pas, la fraîcheur, conservée par les mauvaises plantes, avait empêché le développement, et la vigne avait pu nourrir son fruit. On peut l'expliquer encore par un frottement continuel qui est fait sur la souche par les herbes et qui est occasionné par le vent, ce qui dérange beaucoup l'insecte. Voilà tout le secret.

Au reste, tout le monde sait que les treilles sont plutôt attaquées que les autres vignes. Ce fait est la confirmation de ce que je viens de dire.

Qu'on ne conclue pas de là qu'il vaut mieux laisser la vigne sans culture. La conséquence serait fausse, parce qu'elle serait outrée. Une vigne qu'on ne cultiverait pas s'épuiserait bien vite, et sous peu elle ne produirait plus rien.

D'autres personnes ont cru bien faire en jetant sur les sarments malades de la chaux en poudre, du plâtre et même des cendres. Ces matières, pour ce qui concerne l'effet à produire sur la vigne, peuvent être comparées au soufre, dont je vais parler. Les courtes observations que je ferai sur ce dernier moyen de curation pourront être appliquées à tout le reste.

Tout le monde sait l'usage énorme qui se fait du

soufre, depuis quelque temps, pour combattre la maladie de la vigne. Les uns disent que ce procédé est bon, d'autres le nient. Après y avoir mûrement réfléchi, je partage ce dernier sentiment.

Il est hors de doute que le soufre contrarie l'insecte, qu'il le dérange et qu'il l'empêche même de travailler; de là les effets heureux obtenus par son emploi. De plus, il donne à la plante une force de végétation qu'elle n'a pas naturellement. De là encore cette apparence de santé et de vigueur qu'on remarque dans les vignes soufrées.

Mais le souffre ne détruit pas l'insecte. Ce qui le prouve, c'est que la maladie persiste toujours. Donc, ce n'est pas un remède. Qui nous a même dit que l'insecte, fort gourmand du suc de la vigne, ne s'obstinerait pas, malgré la présence de cette matière, à rester sur la souche; que l'habitude de s'en voir entouré ne le familiariserait pas avec elle, et que, dès-lors, son emploi deviendrait inutile? C'est fortement à craindre.

Ensuite, cette surexcitation de sève qui est provoquée par le soufre n'est pas naturelle. La vigne dépense toutes ses forces soit par le bois qu'elle pousse, soit par le fruit qu'elle donne. Or, si à ce travail qui se reproduit tous les ans, qui correspond à toute sa vigueur, et qui absorbe tout ce qu'elle renferme. de vertu végétative, vous allez ajouter une autre dépense qui lui est commandée par un agent extérieur, qui la fait vivre trop vite, vous devez nécessairement épuiser la plante, qui commencera bientôt par s'étioler, et qui finira par périr. Ce que je dis là n'est pas une hypothèse arbitraire. Déjà les faits le confirment, car certains propriétaires m'ont fait observer que des souches qu'on a soufrées plusieurs années de suite se trouvent tellement tristes, qu'elles meurent les unes après les autres. Et comment n'en serait-il pas ainsi ? Ne sait-on pas que tout être organisé reçoit avec la vie une somme de forces vitales qui lui permettent de parcourir telle ou telle période d'existence. Mais, si vous lui faites dépenser dans six ans, par exemple, ce que la nature lui réservait pour dix, vous abrégez d'autant sa vie.

On me dira sans doute qu'on peut suppléer à cette perte par le fumier ; c'est une erreur encore. D'abord le fumier mis en trop grande quantité use beaucoup. Ensuite, je conviens qu'il aide la végétation, mais il ne la donne pas. Il y a une différence essentielle entre la vie végétative et les moyens de la rendre plus belle. Ce que la plante pousse naturellement, peut devenir meilleur par le fumier; mais si, à côté de cet engrais, vous jettez sur la plante une matière qui excite la sève, qui la provoque et qui en fasse monter une plus grande masse, vous devez l'épuiser et la détruire. Ceci me paraît assez rationnel.

De plus, le vin provenant d'une vigne fortement soufrée, sera-t-il aussi bon que l'autre? il est un fait que personne ne révoque en doute : on voit des individus qui font brûler une mèche de soufre dans leurs futailles et qui, de suite, y mettent le vin, qui conserve pendant longtemps ce goût. Ce goût, personne ne l'aime, et plusieurs ne peuvent pas le supporter. Mais que sera-ce quand le soufre aura été répandu avec tant de profusion sur les vignes et qu'il aura pour ainsi dire fait corps avec son fruit ?

Je ne parlerai pas des autres inconvénients qui peuvent résulter de l'emploi du soufre sur la vue et la santé de l'homme. Ces inconvénients paraissent fortement à craindre, lorsqu'on voit l'effet désastreux qu'il produit sur les métaux, comme montres, pièces d'argent..., qu'on a sur soi quand on se livre pendant quelque temps à cette opération.

Enfin, laissons le soufre. Il n'est pas un remède ; il tend à détruire la vigne et il gâte son fruit.

De tous les procédés qui ont été mis au jour, je n'en vois aucnn qui attaque directement la maladie de la vigne. Il est cependant certain que la nature n'est jamais en défaut. Si d'une main elle nous châtie, de l'autre elle présente le remède propre à cicatriser les blessures qu'elle fait. D'où vient donc qu'on n'a pas encore trouvé celui qui guérit la vigne ? C'est qu'on n'a pas connu la véritable cause du mal ; c'est qu'on a adopté d'une manière trop facile les diverses méthodes qui ont été présentées.

Sur la terre, la nature offre à tous les êtres organisés de quoi vivre et les moyens de se perpétuer et de se détruire ; c'est-à-dire que chaque genre d'existence trouve tout ce qui est nécessaire à sa conservation et à sa destruction. L'instinct, qui guide l'animal, n'a pas d'autre but que de lui permettre de choisir l'un et d'éviter l'autre. Si donc vous voulez conserver une espèce, vous n'avez qu'à lui fournir ce qui lui convient. Si, au contraire, vous voulez la détruire, donnez lui ce qui l'empoisonne.

Me fondant sur ce principe, j'ai cherché dans la nature végétale et minérale tout ce qui pouvait être funeste à l'insecte, et après mille essais qu'il est facile de comprendre, je suis parvenu à composer un liquide qui le tue, lorsqu'il est déjà éclos, et qui détruit même le germe déposé dans les œufs destinés à le perpétuer.

Composer un liquide qui produise ce résultat, n'est pas difficile. Il y a une foule d'acides qui peuvent le faire. Mais qu'on ne s'y trompe pas. Tout en en voulant détruire la vermine qui dévore la souche, qu'on prenne bien garde de ne pas détruire la souche elle-même ; le remède serait pire que le mal. Or, c'est ce qui arrivera très-certainement, si on emploie ces matières brûlantes se présentant tout d'abord à l'esprit.

Le liquide que j'ai composé a le double avantage de faire périr l'insecte ainsi que les œufs, et de donner à la plante une force de végétation qui répare ses pertes et qui les rétablit dans son état primitif; six années d'expériences faites dans différents pays et qui ont toutes complétemeut réussi, m'en donnent la certitude et me permettent de la regarder comme uu véritable spécifique.

Je ne dis pas que ce liquide soit le seul remède qu'on puisse apporter à la maladie de la vigne. La nature est si riche en moyens de conservation et en moyens de destruction ! On peut donc très-certainement trouver quelqu'autre chose qui produise le même effet, comme aussi il me sera peut-être possible de simplifier ce que j'ai fait et de le rendre d'un usage plus facile ; mais tout en faisant la part à cette seconde considération, n'est-il pas vrai que, quand on a le bonheur de découvrir un remède qui attaque directement un mal aussi répandu que celui de la vigne, et qui le détruit en entier, on peut se rendre le beau témoignage qu'on a fait un bien immense à la société. Ce bien n'est plus aujourd'hui à l'état problématique; il est au pouvoir de tout le monde de se le procurer; il s'agit seulement que mon procédé soit appliqué partout. Avec lui, je garantis aux propriétaires la conservation de leurs vignes et de leurs récoltes.

En 1857, je me promenais dans une terre où j'ai vu une souche fortement constituée, mais qui m'a parue très-malade. Ses sarments commençaient à se sécher; tout en elle annonçait une destruction prochaine. De suite j'ai préparé un peu de matière propre aux opérations d'hiver et je l'ai traitée en conséquence. Dans quelques jours, la plante et le fruit ont repris leur vigeur première : les raisins sont arrivés à leur parfaite maturité.

Ce fait s'est passé devant une personne digne de foi ; il devient la confirmation de tout ce que j'ai dit.

Je ne parlerai pas de la composition du liquide, ni des matières qui y entrent. Tout le monde comprend que c'est mon secret et ma propriété.

Je donnerai le liquide tout préparé aux personnes

qui m'en feront la demande, moyennant une faible rétribution.

On peut faire deux opérations d'hiver. Toutes deux sont très-bonnes, je dirai même qu'elles se complètent l'une par l'autre. La première peut avoir lieu une année, et la seconde l'année d'après.

La première est la plus importante ; si elle est bien faite, elle suffit. Il faut donc qu'on y mette le plus grand soin. Voici dans quelles conditions il est bon de la pratiquer : Lorsqu'on a taillé la vigne, qu'on déchausse la souche, qu'on la nettoie, et qu'on enlève l'écorce jusqu'au vif, depuis le sol jusqu'à la naissance de la dernière pousse, avec un racloir à deux tranchants bruts, non effilé, ou tout autre instrument convenable. Ensuite, par le moyen d'une forte brosse ou d'un pinceau on lave la souche avec la matière préparée à l'avance, et très-positivement toute cette vermine disparaîtra, la pirale sera détruite complètement, et les lumineuses subiront un échec tout particulier par ces opérations.

Souche du Languedoc traitée en hiver.

Souche du Médoc traitée en hiver.

Je dois faire observer que l'opération d'hiver détruira complétement la maladie, sans avoir recours à l'opération d'été. Cependant si, malgré tout le soin qu'on aura pris, il arrive que quelques insectes ou quelques œufs échappent à la destruction générale, la maladie reparaîtra sur quelques graines de raisin seulement. Alors, l'année suivante, il faudra faire un petit lavage, toujours avec la matière confectionnée, comme il est dit sur les duplicata. Cette seconde opération coûtera peu de chose, vu qu'il n'y aura qu'un simple lavage.

Souche du Languedoc. — Résultat en septembre.

Souche du Médoc. — Résultat en septembre.

Moyennant cette double opération, on pourra dire qu'on a détruit complètement la maladie de la vigne, et que cette plante, qui fait la richesse de tous les pays, est revenue à l'état de santé qu'elle avait autrefois.

Quant aux opérations d'été, c'est-à-dire à la naissance de la maladie, vous sauverez bois et fruit par le lavage des raisins à la brosse douce, en touchant les sarments.

Souche malade traitée en été.

DE L'EMPLOI DU PROCÉDÉ

Et des dépenses qu'il peut occasionner aux propriétaires qui en auront fait l'acquisition.

Pour les opérations d'hiver :

1° La matière, par hectare...............	5 fr.
2° Main-d'œuvre...........................	20 »
Total............	25 fr.

Je ne porte pas ici les dépenses du déchaussage, vu que c'est une façon usitée dans presque toutes les contrées.

Pour les opérations d'été :

1° Matière, en moyenne...........	4 fr. 25 c.
2° Main-d'œuvre.....................	16 fr. »
Total...........	20 fr. 25 c.

Pour le Médoc, ces prix seront doublés, vu la quantité de souches en plus.

Il est bien entendu que ces prix sont fixés pour Messieurs les propriétaires qui auront acquis le procédé, qui leur sera délivré personnellement par des duplicata à souche, contenant le procédé avec les instructions nécessaires pour préparer la matière, et la manière de s'en servir pour obtenir une guérison incontestable.

On aura bien soin, pour les opérations d'été, de ne pas attendre, pour opérer, que les raisins soient secs, mais tant que les queues des raisins et des grains seront vertes, et malgré qu'ils soient poudreux, on les sauvera toujours, mais ils ne seront pas aussi beaux qu'en les traitant à la naissance de la maladie. (Comme on peut le remarquer à l'avant-dernière planche).

Il y aura, en outre, dans chaque localité, diverses fabriques pour préparer la matière pour fournir aux propriétaires qui n'auront pas profité de la cession du procédé.

La matière sera délivrée par barrique ou hectolitre, suivant les demandes.

L'inventeur prendra toutes les mesures possibles pour que chacun puisse profiter des bienfaits de son procédé, afin qu'incessamment il devienne d'un emploi général. Nul goût désagréable au vin.

Dans chaque fabrique, il y aura des distributions

gratuites pour les vignerons indigents. Pour cette année, 1860, la cession a lieu pour les départements de la Haute-Garonne et du Tarn-et-Garonne, vu qu'ils connaissent l'efficacité de mon procédé.

DU MANQUE DES VERS-A-SOIE.

PETIT DÉTAIL A CE SUJET.

L'une des branches principales de notre industrie, qui depuis quelques années a tant fait de malheureux, soit parmi les sériculteurs, soit parmi les ouvriers en soieries dans nos villes spéciales pour cette industrie, principalement la ville de Lyon, où il se trouve aujourd'hui une masse de famille dépourvues de tout, à la suite du manque de travail provenant de ce terrible fléau dévastateur.

Pour peu que nous ayons de l'humanité, nous devons nous empresser de venir au secours de cette classe laborieuse, qui nous appelle à son secours pour faire subsister leurs familles malheureuses.

Mes chers amis, nous pouvons leur faire tout le

bien qu'elle désire. En nous mettant à l'œuvre, ce fléau, d'après mes observations réitérées, ne serait rien autre chose que la maladie des mûriers à combattre, sans nous occuper des graines, car autrefois celles du pays donnaient un rapport considérable aux sériculteurs; même aujourd'hui, partout où les mûriers ne sont pas malades, elles réussissent tout aussi bien que ceux du lointain. Cependant il y a toujours une différence dans les changements de semences de tout genre; mais ici la différence en est trop minime, suivant le prix exhorbitant qu'occasionnent ces dernières, vu que les dépenses excédent de beaucoup le rendement.

Ces faits ne seront pas contestés, car la masse des sériculteurs qui peuvent l'attester est malheureusement trop nombreuse.

DES MURIERS MALADES.

La maladie des mûriers est incontestable, car, dans le principe, la graine de tous pays éclot très-bien. C'est-à-dire, à la première, deuxième et troisième mue, tout fait espérer une bonne récolte; et le pourquoi, c'est que la maladie n'a pas encore sévi. Au moment de la quatrième mue, vous commencez à voir, à l'œil nu, des feuilles poudrées; et cependant, en les examinant à l'aide d'un verre grossissant, vous n'apercevrez dans le jour, sous les feuilles, que des filaments provenant de la masse d'insectes. Ce sont ces mêmes insectes qui détruisent la vigne, de la même famille, très-vorace et venimeux. Comme il est dit pour la vigne, ils ont six pattes, une queue, un dard, des yeux noirs surmontés à côté de deux cornes. C'est à ce moment qu'ils périssent infailliblement ; tant qu'ils ont une nourriture saine, tout va bien, et partout où vous verrez les mûriers malades, la destruction est inévitable.

Cette année, 1860, il sera fait des opérations en septembre et octobre, ensuite en mars prochain. Les opérations seront gratuites; Messieurs les sériculteurs peuvent s'adresser à l'inventeur. On ne paiera que les frais de voyage.

Nota. — Les mûriers malades et les arbres à fruits subiront les opérations avec la même matière employée en hiver pour la vigne avec tant de succès.

Poirier malade.

Pour l'été, la matière sera la même que pour la vigne, par le badigeonnage en septembre et octobre, et le lavage des arbres en février et mars, sans toucher à la dernière pousse, et avant le développement de la végétation vous obtiendrez des résultats extraordinaires, et bientôt plus de maladie des soi-disant vers-à-soie.

Les mêmes coupons à souche, délivrés aux propriétaires viticoles, serviront pour MM. les Propriétaires séricultеurs.

Inutile, chers lecteurs, de vous entretenir plus longtemps, vu que le temps est précieux pour les opérations.

Pour toutes les opérations ci-dessus, les dépenses seront très-minimes.

ATTESTATIONS.

Le lecteur ne sera pas fâché de trouver ici les attestations de certains propriétaires, sur les vignes desquels j'ai fait appliquer mon procédé. Je n'en rapporterai que quelques-unes, afin de ne pas donner trop d'étendue à cette brochure.

Département du Rhône.

Le présent certificat est pour attester que les vignes que le sieur Trigon Saint-Genis a traitées par son procédé, les 4 et 5 août, dans ma propriété, située à Vaise, route de Bourgogne, étaient toutes malades ; que maintenant les raisins sont en état d'être mangés et d'un bon goût. L'année dernière, il n'y en a pas eu un de cueilli, et l'année auparavant à-peu-près le quart de la récolte qui s'est trouvé passable.

En foi de quoi, je lui ai délivré le présent, pour lui servir au besoin.

Fait à Vaise, le 16 septembre 1853.

Signé Veuve RAVINET.

Je me joins à l'attestation ci-dessus donnée par Mme veuve Ravinet. M. Trigon Saint-Genis ayant traité mes vignes malades, le 22 juillet dernier, dans ma propriété située à Vaise, rue du Chapeau-Rouge, 14. Les résultats obtenus par son procédé ont été des plus satisfaisants; j'avais du reste employé, sur les mêmes treilles, tous les procédés dont l'indication était parvenue à ma connaissance. Le moyen employé par M. Trigon Saint-Genis est le seul qui ait été suivi chez moi d'un parfait résultat.

Vaise, le 17 septembre 1853.

PROSPER MOURAUD,
Membre du Conseil Général du Rhône, ex-Représentant.

L'opération faite sur mes vignes, par Trigon Saint-Genis, est incontestable; je dirai même étonnante, après m'en être rendu un compte exact.

Vaise, le 1er octobre 1853.

NICOLAS CHAPELLE.

Le présent certificat est pour attester que les vignes que le sieur Trigon Saint-Genis a traitées par son procédé, les 7 et 8 août, dans ma propriété située à Quinsier Bojolai, étaient très-malades, et que maintenant les raisins se trouvent en parfaite maturité et d'un bon goût.

Quinsier, le 27 septembre 1853,

V. MATON, *propriétaire.*

Le présent certificat est pour attester que les raisins que le sieur Trigon Saint-Genis a traités dans notre jardin, sont venus en parfaite maturité.

Vaise, le 29 septembre 1853.

Sœur SAINTE-VALENTINE.

Je, soussigné, déclare avoir traité une partie de mes vignes, dans ma propriété située à Belleville, avec la composition du sieur Trigon Saint-Genis. L'opération a complètement réussi. La partie qui n'a pas été traitée est complètement perdue ; il y a deux ans que je n'en avais point cueilli. Pour rendre hommage à la vérité, et pour faciliter le progrès, je lui ai signé le présent pour lui servir et valoir en ce que de droit.

Fait à Belleville, le 28 septembre 1853.

JAYET, *propriétaire.*

Je, soussigné, déclare, pour rendre hommage à la vérité, que le sieur Trigon Saint-Genis a traité, par son procédé, une partie de mes vignes; il a obtenu une parfaite guérison. En foi de quoi j'ai signé le présent, pour servir au besoin.

Vaise, le 1er octobre 1853.

B. CIZERON, *propriétaire, ex-notaire.*

Je déclare, pour rendre hommage à la vérité, que le sieur Trigon Saint-Genis a traité mes vignes, avec son procédé, les 13 et 15 août, et qu'aujourd'hui elles sont en parfaite guérison. En 1852, je n'ai eu que sept livres de raisins dans tout mon enclos. En foi de quoi je lui ai signé le présent, pour servir au besoin

Vaise, le 2 octobre 1853.

L'EXTRAT, *propriétaire,*
Rue Neuve-du-Chapeau-Rouge.

Je déclare, pour rendre hommage à la vérité, que le sieur Trigon Saint-Genis a traité une partie de mes vignes, avec son procédé, les 21 et 22 août, et qu'aujourd'hui elles sont en parfaite guérison.

J'approuve la guérison.

A Chérouble, le 6 octobre 1853.

DÉPARDON cadet.

Noms des propriétaires qui ont donné des attestations non mentionnées dans l'ouvrage :

MM. CORNET, propriétaire, membre du Comice agricole de Lyon.

RENDU, propriétaire, rue Raisin, à Lyon.

GAZET, propriétaire à Vaise.

BONNET (Joseph), propriétaire rentier, rue Saint-Paulin, 38, à la Croix-Rousse (Lyon).

MANAVAL, fermier de la propriété du grand Séminaire, à Vaise.

DE MONTERAT, propriétaire à Chazet (Rhône).

Département de Saône-et-Loire.

EN 1854 ET 1855.

MM. PIQUANT père et filss, propriétaires à Mâcon.
PARDON, propriétaire à Mâcon.
GALLAN, propriétaire à Chalons-sur-Saône.
LACROIX, propriétaire et maître-d'hôtel, au Port.

Département du Puy-de-Dôme.

MM. LUBIN, propriétaire à Clermont-Ferrand.
CHANONAT, id. id.
ARNEAU, id. id.
COINDY, id. id.
CUBERAT, propriétaire à Plauzat.
PERRIN, propriétaire à Cornon.
RIVIÈRE, propriétaire à Issoire.
BLATIER, jardinier-pépiniériste à Issoire.
MONTBESSON, propriétaire à Issoire.
RAVIER, propriétaire au Broc.

Département de l'Ain.

EN 1856.

M. DE BLONAY, propriétaire du château de Balan, par lettre ainsi conçue :

« Je puis certifier que le sieur Trigon Saint-Genis a préservé mes vignes de l'*oïdium* et guéri les raisins qui étaient déjà malades; enfin, que les expériences qu'il a faites chez moi ont complètement réussi. Je compte me servir encore cette année de son eau, si la maladie revient.

» Paris, le 30 mars 1857.

» *Signé* : FRANÇOIS DE BLONAY. »

MM. MON (Joseph), propriétaire à Laboisse.
CHABERT, dit *Legrand*, propriétaire à Laboisse.
CHEVALIER (Jean), propriétaire à Laboisse.
COLLIARD, propriétaire à Laboisse.
BEREL, fils de l'ex-maire, propriétaire à Laboisse.
Veuve MAYET et fils, propriétaires à Thils.
GIROU, propriétaire à Thils.
BERNARD, propriétaire à Niévros.
SOLDAT, propriétaire à Nairon.

Département de Vaucluse.

EN 1857.

MM. TROUILLET (Frédérick), à Sérignand.
PUIT (Gabriel), à Gardahne-le-Château-Neuf.
ULPAT (François), à Travaillant.
LAMBERT (Gabriel), maire à Travaillant.
BLANC (Etienne), à Mazan.
RAYMOND (Cyprien), propriétaire à Mazan.
BLANC (Thomas), propriétaire à Mazan.
BLANC (Casimir), propriétaire à Mazan.
BARE (Auguste-Marie), propriétaire à Carromb.
BLANC (Augustin), à Barreau.

Et dans les communes ci-après : Ville-de-Pertuit,

Latour-d'Aigue, Eussuie, Cucuron, Ville-Laure, Cadenet, Lauris, Beaunieux, Lajonquière, Monteux, Saint-Saturnin, Ville-de-Perne, Menherbe.

Département des Bouches-du-Rhône.

MM. Brun, géomètre, à Fontvielle.
Défaut (Jean), à Fontvielle.
Chapet (Jean-Pierre), à Maussanne.
Dé Rez, maire à Maussanne.
Blanc (Michel), à Saint-Rémy.

Département du Gard.

MM. Carle, ex-notaire à Belgarde.
Rey (Louis), à Jonquière.
Reboule (Jean), à Monfrein.
Gonard (Jean), à Monfrein.
Puyade (François), à Théziex.
Valadier (Joseph), à Sase.
Courtesserre (Jean), à Sase.
Courtesserre (Joseph), à Sase.
Queranne (Jean-Louis), à Montfaucon.
Choizity (Théophile-Rodolphe), à St-Genis-de-Commélas.
Odoyez (Stanislas), maire à Tavelle.
Roudils (Benoît), propriétaire à Tavelle.
Chambon, géomètre, propriétaire à Tavelle.
Odoyer (André), propriétaire à Tavelle.
Louis (Laurent-Antoine), à Lirac.

Lichère (André), propriétaire à Lirac.
Cousin, propriétaire à Saint-Laurent.
David, propriétaire à Laudun.
Bergeon (François), à Codolet.
Jean-Jean, propriétaire à Tresque.
Pelet, de Gagean, à Tresque.
Souiller, propriétaire à Tresque.
Le Maire de Tresque.
Bonis (Alexis), à Bagnols.
Bonis (Alexandre), à Bagnols.
Jarin (Joseph), à Bagnols.
Carlier, propriétaire à Saint-Quentin-d'Uzès.
Pijot (Jacques), à Saint-Quentin-d'Uzès.
Fabre, adjoint de maire à Saint-Gervais.
Sauvet (Félix), à Saint-Gervais.
Poutin (Baptiste), à Castillon.
Rallion (Joseph), à Cinq-Cents (hameau de Clavisson.
Bessa (Barthélemy), à Baillargue.

Département de l'Hérault.

MM. Pagezy, maire de Montpellier.
Fabre de Monteberon, à Montpellier.
Claris, propriétaire à Montpellier.
Le Curé de Celleneuve (Montpellier).
Icar, géomètre, propriétaire à Celleneuve.
Affre, propriétaire à Celleneuve.
Delmas, propriétaire à Montpellier.

MALAVILLE, à Montpellier.
LACROIX, id.
RIVIÈRE, id.
CANBANCAL id.
AVENIR (Guillaume), à Montpellier.
LAISSAC, à Montpellier.
MARQUET, propriétaire à Montpellier.
ROUSSET (Jean), à Montpellier.
OMÉLAS, vétérinaire, propriétaire à Celleneuve.
GRASSAL, propriétaire à Montpellier.
DE SAINT-MAURICE, à Montpellier.
VIDAL (Léon), à Saint-Georges.
DAVID, à Saint-Georges.
LASPEIRE (Pascal), à Béziers.
LACOUR (Jean-Alban), à Béziers.
MARTIN (Pierre) et la famille LUGANE, à Perette et au village d'Aspirant.

Je soussigné, Jean-Joseph Bruel, chevalier de la Légion-d'Honneur, déclare et certifie avoir employé le procédé de M. Trigon Saint-Genis, pour la guérison de la maladie de la vigne, sur des vignes malades de mon frère Xavier Bruel, situées dans la commune de *Saint-Gely-du-Fesc*.

Lesdites opérations ont complètement réussi ; seulement, j'ai remarqué que toutes les parties de vignes qui ont été traitées dès le début du mal, sont beaucoup plus belles que celles qui ont été traitées quand la maladie avait fait des grands ravages ; mais également ces dernières ont eu un fruit sain, d'un bon goût et très-bon à manger.

Il serait à désirer que le procédé dont s'agit, devienne d'emploi général. Lesdites opérations sont à la connaissance des propriétaires de ladite commune.

En foi de quoi j'ai délivré le présent, pour servir et valoir ce que de droit.

Montpellier, le 12 septembre 1857.

BRUEL.

Je soussigné, Paul-Jean Couder, propriétaire, domicilié à Grabels, près Montpellier, certifie avoir employé le procédé de M. Trigon Saint-Genis, pour la guérison de la maladie de la vigne, sur des vignes malades, situées dans ladite commune de Grabels.

Les opérations ont complètement réussi, j'ai seulement remarqué que les parties de vignes qui ont été traitées dès le début du mal, sont beaucoup plus belles que celles traitées quand la maladie avait fait de forts ravages; néanmoins ces dernières ont eu un fruit passable, sain et d'un bon goût.

En foi de quoi j'ai délivré le présent, pour servir et valoir ce que de droit.

Grabels, le 20 septembre 1857.

COUDER.

Je soussigné, Calage (Jean), propriétaire dans la commune de Saint-Jean-de-Védas, près Montpellier, déclare avoir traité mes vignes malades avec le procédé de Trigon Saint-Genis. Depuis le traitement la maladie a disparu, et aujourd'hui je trouve un beau fruit, d'un très-bon bon goût et bon à manger.

Par exemple, j'ai remarqué quelques raisins oubliés parmi les parties traitées; ces derniers sont secs et complètement perdus.

Je pense continuer l'emploi de ce procédé sur tout autre connu à ce jour.

En foi de quoi j'ai signé le présent, que j'atteste sincère et véritable, pour servir et valoir en ce que de droit.

Lesdites opérations sont à la connaissance de plusieurs propriétaires de la commune,

Fait à Saint-Jean-de-Védas, le 21 septembre 1857.

CALAGE.

Département de l'Aude.

EN 1858.

MM. ROUDIL, propriétaire à Narbonne, porte de Perpignan; et autres.
CARBONEL, propriétaire, à Saint-Hilaire ; et autres.
ESCARGUEUIL (Pierre), propriétaire à Castelnaudary ; et autres.

Département de Haute-et-Garonne.

A VILLEFRANCHE DE LAURAGUAI :

MM. Le Marquis D'HAUTPOUL, de Ceyre.
DE LAPANOUSE, de Saint-Rome.

MM. Demur, coiffeur, propriétaire.
Le Commissaire de police.
Soulignac, à Montgaillard.
Mme Veuve Guireau.

Lettre de M. DEMUR, propriétaire et maître de poste, à Villefranche.

Villefranche, 1er juin 1859.

Monsieur Trigon Saint-Genis,

Je me fais un plaisir de répondre à votre lettre du 24 mai dernier, pour vous dire que les procédés employés par vous pour la guérison de la vigne, m'ont parfaitement réussi. Je crois que le lavage d'hiver est un préservatif essentiel de la maladie.

La vigne du Domaine de L'Hers, qui a été nettoyée et lavée avec votre médicament, pendant le mois de décembre dernier, en suivant votre méthode, a aujourd'hui une mise exceptionnelle sur les autres vignes ; elle est de toute beauté. Quant à la vigne du Domaine de Montgaillard, vu l'état maladif où je me trouvais elle n'a pas reçu les soins du lavage d'hiver; elle est aussi bien belle aujourd'hui, mais sa mise n'est pas à comparer à celle de L'Hers. Vous devez vous rappeler qu'à la vigne de L'Hers il y en avait une partie envahie par la maladie, qui avait perdu les feuilles au mois de juillet. Je n'espérais pas lui voir faire de nouvelles mises cette année, car la partie malade est la plus jolie. J'attribue ce résultat énorme au lavage d'hiver.

En résumé, jusqu'à-présent, je n'ai trouvé dans mes vignes aucun germe de maladie.

La vigne du Domaine de Marandon, qui se trouve très-éloignée, comme vous le savez, et qui n'a pas reçu les soins de lavage de celles citées plus haut, va être atteinte par la maladie, car plusieurs souches ont les feuilles racornies.

Si j'ai tant tardé à vous répondre, c'est que je voulais visiter mes vignes, afin de vous donner connaissance de leur état.

Je désire que le procédé que vous m'avez indiqué et vendu, pour médicamenter mes vignes, soit apprécié dans les lieux où vous vous trouvez, et je crois que les vignobles, auxquels votre procédé sera appliqué, s'en trouveront aussi très-bien.

Agréez mes salutations respectueuses.

DEMUR.

Lavilledieu, 2 septembre 1857.

Je soussigné, déclare avoir employé le procédé de M. Trigon Saint-Genis, habitant à la Villedieu, contre la maladie de la vigne. Les opérations ont complètement réussi, et les mêmes sujets, dans les mêmes vignes qui n'ont pas été traitées, sont totalemnt perdus. J'ai remarqué quelques sujets malades avant la fleur :

avec le simple lavage des sarments, sans toucher au raisin, la maladie a complètement disparu, et aujourd'hui je trouve un beau fruit, très-sain et d'un bon goût. Il serait à désirer que le procédé dont il s'agit devient d'un emploi général.

En foi de quoi j'ai délivré le présent, pour servir et valoir ce que de droit.

Barthe,
Propriétaire à Lavilledieu.

Vu pour légalisation de la signatnre de M. Barthe, propriétaire de la commune de Lavilledieu.

Lavilledieu, le 9 septembre 1859.

Pour le maire de Lavilledieu, empêché :
***L'adjoint,* Peyrusse.**

Je certifie que le sieur Trigon Saint-Genis, habitant Lavilledieu, a opéré sur mes vignes, extraordinairement malades, avec son procédé. L'opération a eu lieu du vingt au vingt-huit juillet; ladite opération a complètement réussi. J'ai trouvé même étonnant, après avoir examiné les sujets extra-malades, qui soient aujourd'hui en pleine maturité, les raisins mûrs, d'un très-bon goût, sans aucune odeur ni altération.

On peut s'en rendre compte, en visitant les vignes sur les lieux où il a opéré, tels que la Lalandebasse.

Montauban, le 6 septembre 1859.

A. Fron.

Vu pour légalisation de la signature de M. Fron. apposée ci-dessus.

Montauban, le 6 septembre 1859.

Pour le Maire : Moret, *adjoint.*

Je soussigné, déclare et certifie avoir employé le procédé de M. Trigon Saiet-Genis, habitant de Lavilledieu, contre la maladie de la vigne. L'opération que j'ai pratiquée en été a parfaitement réussi ; le raisin qui a subi l'opération s'est developpé et est arrivé à parfaite maturité ; le goût a été des plus agréable.

M. Trigon Saint-Genis a un procédé applicable en hiver, et c'est pour moi le plus convenable ; c'est celui que je me propose de faire subir à mes vignes.

Labastide-du-Temple, 6 septembre 1859.

D'AYRAL.

Vu pour légalisation de la signature apposée ci-dessus, de M. d'Ayral (Adolphe), propriétaire de vignes, habitant de cette commune.

Labastide-du-Temple, le 6 septembre 1859.

Le Maire, A. DUPRAT.

Je constate qne le procédé de M. Trigon Saint-Genis, que j'ai employé à l'époque où les raisins avaient à supporter la plus forte atteinte de l'*oïdium*, a agi de la manière la plus satisfaisante. L'épreuve que j'en ai faite (du 15 au 20 août) m'a d'autant mieux réussi, que je crois pouvoir assurer d'avance à l'auteur de ce procédé, qu'à la première réapparition de l'*oïdium*, la seule matière que j'emploierai pour sa guérison, sera celle composée par M. Trigon, matière qui ne laisse au raisin aucun mauvais goût.

Lavilledieu, le 6 septembre 1859.

DE LAMOTHE-MOUCHET.

Vu pour légalisation de la signature de M. de Lamothe-Mouchet, apposée ci-dessus.

Lavilledieu, le 6 septembre 1859.

Pour le Maire :

PEYRUSSE, *adjoint*.

Le prix de la matière est fixé à *cent francs* pour une barrique (sans fût), qui suffira pour traiter de trois à quatre hectares environ.

On aura soin d'opérer en hiver les vieilles vignes.

L'inventeur visitera le département, pour faciliter l'emploi de son procédé. Au reste, l'ouvrage met le propriétaire à même de traiter ses vignes avec succès.

S'ADRESSER :

A la Direction générale, à Beychevelle, commune de Saint-Julien (Médoc), chez M. le Maire.

Chez M. Blancan aîné, ex-maire à Arbanats (Gironde).

Chez M. Castel, propriétaire et tonnelier, à Saint-Hilaire, arrondissement d'Agen (Lot-et-Garonne).

Chez M. Icar, propriétaire et géomètre du cadastre, à Montpellier (Hérault).

Les journaux des départements donneront avis des dépôts divers.

Dans chaque dépôt, on trouvera l'ouvrage complet.

Nota. — Toutes les demandes devront être affranchies. En envoyant 1 fr. 30 c. en timbres-poste, on recevra l'ouvrage complet.

TABLE DES MATIÈRES.

LA VIGNE.

Je souffre assez, ne me soufrez pas davantage.

LE VIN.

Je ne puis le supporter; il altère ma bonne liqueur d'autrefois.

www.ingramcontent.com/pod-product-compliance
Ingram Content Group UK Ltd.
Pitfield, Milton Keynes, MK11 3LW, UK
UKHW021000180726
13838UKWH00003B/1400

9 782329 321769